"十三五"普通高等教育本科系列教材

流体机械实验教程

编著 时连君 丁鸿昌 邓 昱 孙 静

中国电力出版社
CHINA ELECTRIC POWER PRESS

内 容 提 要

本书由离心泵综合实验、风机综合实验及压缩机综合实验三部分内容组成，包括离心泵结构原理分析、离心性能测试、离心泵串联性能测试、离心泵并联性能测试、风机结构原理分析、离心式风机性能测试、压缩机结构原理分析及压缩机性能测试，共计8个实验项目。性能测试实验包括实验目的、实验原理及方法、实验步骤、实验表格、实验结果分析、实验前的预习及实验思考题等。

本书可作为机械设计制造及自动化、采矿工程、能源与动力工程、土木工程、过程装备与控制工程等专业的实验教程，也可供相关专业技术人员参考使用。

图书在版编目（CIP）数据

流体机械实验教程/时连君等编著. —北京：中国电力出版社，2020.3（2022.9 重印）

"十三五"普通高等教育本科规划教材

ISBN 978-7-5198-4177-5

Ⅰ. ①流… Ⅱ. ①时… Ⅲ. ①流体机械－实验－高等学校－教材 Ⅳ. ①TK05-33

中国版本图书馆 CIP 数据核字（2020）第 023702 号

出版发行：中国电力出版社

地　　址：北京市东城区北京站西街 19 号（邮政编码 100005）

网　　址：http://www.cepp.sgcc.com.cn

责任编辑：周巧玲（010-63412539）

责任校对：黄　蓓　于　维

装帧设计：赵姗姗

责任印制：吴　迪

印　　刷：三河市百盛印装有限公司

版　　次：2020 年 3 月第一版

印　　次：2022 年 9 月北京第二次印刷

开　　本：787 毫米×1092 毫米　16 开本

印　　张：4

字　　数：94 千字

定　　价：12.00 元

版 权 专 有　侵 权 必 究

本书如有印装质量问题，我社营销中心负责退换

前　言

工程教育专业认证是当前相关高校关注的焦点，旨在进一步深化中国工程教育改革，建立高校工程专业与一流企业人才培养的双赢体，其认证要求培养学生实验设计、实施和测试分析的能力，培养学生的创新思维、实践能力、表达能力和团队精神。而流体机械是一门实践性很强的课程，实践教学与理论教学相辅相成，共同担负着培养学生的学风与素质、实践能力、科学研究能力及创新精神的责任，旨在提高学生的培养水平，充分体现出"大众创业、万众创新"的理念。

本书是编者在总结多年教学与科研经验的基础上，针对目前高校正在进行的工程教育专业认证及双一流建设工作，结合当前大多数高校使用的教学实验仪器设备编写而成的。本书具有以下特点：

（1）编写内容力求实用，既考虑实验教程的适用对象，又兼顾目前使用的设备情况和编写内容的全面性，从离心泵、风机、压缩机的结构原理到性能测试实验，每个实验后面增加实验前预习内容及思考题，有利于提高学生分析问题、解决问题的能力。

（2）编写内容的先进性，结合目前使用的实验装置，以及采用比较先进的传感器及仪表进行测试技术，进而体现设备的领先技术。加强实践教学环节，提升综合素质。

（3）离心泵、离心式风机及压缩机的性能测试都是依据最新的国家标准。实验方案合理，实验测试数据力求准确，尽量准确地测试出国家标准要求的各种参数。

本书由山东科技大学时连君、丁鸿昌、邓昱、孙静编著。在编写过程中参考了厂家提供的设备相关实验技术资料，如仪器说明与教学指导、实验指导书与实验报告，在此表示感谢。

由于编者水平所限，书中难免有错误和不足之处，恳请读者批评指正。

编　者

2019.12

实　验　须　知

1．实验总体要求

（1）实验教学是课程学习的重要环节之一，"大众创业、万众创新"不是一朝一夕的事情，而是要求学生把每一个实验项目当成一个课题、一个大赛的题目来进行设计。这样不但可以巩固课堂学习的知识，理论联系实际，而且能提高学生的实验技能、动手操作能力及创新能力。

（2）进入实验室前要认真预习实验教程相关的实验内容，明确实验目的，掌握实验原理及测试方法，了解实验步骤，完成指导书中提出的各项预习要求，否则不允许进入实验室做实验。

（3）学生进入实验室需要签到，实验结束须经指导老师允许后才可以签名离开。对于迟到、早退、代签名字的学生，其实验成绩要酌情扣分。

（4）实验中遇到问题时，要结合课本与实验教程的相关内容进行认真思考，要多动脑、多动手，培养独立工作和分析问题与解决问题的能力。

（5）正确操作实验设备，压缩机实验台调定压力值不得超过实验教程规定的数值。压缩机采用带传动，要特别注意人身安全、设备安全，实验中遇有故障要及时向指导教师报告，妥善处理。

（6）禁止穿拖鞋进入实验室，实验室内不准吸烟，不准随地吐痰，不准在室内吃食物，不准乱扔纸屑，保持良好实验环境，实验完毕要整理好实验器材，清扫实验现场。

2．认真完成实验报告

（1）实验报告是对实验成果的归纳、总结，必须以严肃认真、实事求是的态度完成。

（2）对实验所需已知参数应主动查询，对测试参数和现象要如实记录。

（3）要求学生独立完成报告，思考题不准照抄，否则不得分。

（4）按时完成实验报告，并且及时交给指导教师批阅、评分。

目　录

第Ⅱ部分　风机综合实验

第Ⅲ部分　压缩机综合实验

第Ⅰ部分　离心泵综合实验

　　水泵是输送液体或使液体增加压力的机械。它将原动机的机械能或其他外部能量传送给液体，使液体能量增加，主要用来输送液体包括水、油、酸碱液、乳化液等，也可输送液体、气体混合物及含悬浮固体物的液体。水泵性能的技术参数有流量、吸程、扬程、轴功率、水功率、效率等；根据不同的工作原理可分为容积水泵、叶片泵等类型。在这部分实验中主要介绍水泵的结构、主要部件的作用、工作原理，以及离心式水泵主要性能参数的测量。

实验 1　离心泵结构原理分析

1.1　实　验　目　的

（1）了解水泵分类。
（2）掌握水泵的结构及主要部件的作用。
（3）掌握水泵的工作原理。

1.2　水　泵　的　分　类

　　离心泵有立式、卧式、单级、多级、单吸、双吸、自吸式等多种形式，离心泵的种类很多，分类方法常见的有以下几种方式：
（1）按叶轮吸进方式分为单吸式离心泵、双吸式离心泵。
（2）按叶轮数目分为单级离心泵、多级离心泵。
（3）按叶轮结构分为敞开式叶轮离心泵、半开式叶轮离心泵、封闭式叶轮离心泵。
（4）按工作压力分为低压离心泵、中压离心泵、高压离心泵。
（5）按泵轴位置分为卧式离心泵、立式离心泵。

1.3　离心式水泵的结构

　　离心泵的基本构造是由六部分组成的分别是叶轮、泵体、泵轴、轴承、密封环、填料函。其中，离心泵过流部件有吸进室、叶轮室、压出室三个部分，如图1-1所示。

1.3.1　叶轮
　　叶轮是离心泵的核心部分，也是过流部件的核心，叶轮上的叶片又起到主要作用，叶轮在装配前要通过静平衡实验，叶轮上的内、外表面要求平滑，以减小水流的摩擦损失，泵通过叶轮对液体的做功，使其能量增加。

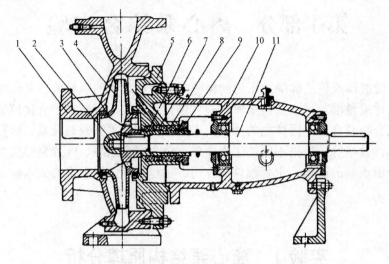

图 1-1　离心水泵的结构

1—泵体；2—叶轮螺母；3—密封环；4—叶轮；5—泵盖；6—轴套；7—填料环；

8—填料；9—填料压盖；10—悬架轴承部件；11—轴

叶轮按液体流出的方向分为三类：

（1）离心式叶轮：液体是沿着与轴线垂直的方向流出叶轮。

（2）斜流式叶轮：液体是沿着轴线倾斜的方向流出叶轮。

（3）轴流式叶轮：液体活动的方向与轴线平行的。

叶轮按吸进的方式分为两类：

（1）单吸叶轮（即叶轮从一侧吸进液体）。

（2）双吸叶轮（即叶轮从两侧吸进液体）。

叶轮按盖板形式分为三类：

（1）封闭式叶轮。

（2）敞开式叶轮。

（3）半开式叶轮。

其中，封闭式叶轮应用很广泛，前述的单吸叶轮、双吸叶轮均属于这种形式。

1.3.2　泵体

泵体也称泵壳，它是水泵的主体。泵体起到支撑固定作用，并与安装轴承的托架相连接。

1.3.3　泵轴

泵轴的作用是通过联轴器和电动机相连接，将电动机的转矩传给叶轮，所以它是传递机械能的主要部件。

1.3.4　轴承

轴承是套在泵轴上支撑泵轴的构件，有转动轴承和滑动轴承两种。转动轴承的润滑剂用量要适当，一般为 2/3～3/4 的体积，太多会发热，太少又会产生响声并发热。滑动轴承使用透明油作为润滑剂，应加油到油位线，若加入太多油则会沿泵轴渗出并且漂溅，太少则轴承会过热烧坏造成事故。在水泵运行过程中轴承的温度最高在 85℃，一般运行在 60℃左右，假如高了就要查找原因（是否有杂质，油质是否发黑，是否进水）并及时处理。

1.3.5 密封环

密封环又称减漏环。叶轮进口与泵壳间的间隙过大会造成泵内高压区的水经此间隙流向低压区，影响泵的出水量，效率降低。间隙过小会造成叶轮与泵壳摩擦产生磨损。为了增加回流阻力减少内漏，延长叶轮和泵壳的使用寿命，在泵壳内缘和叶轮外沿结合处装有密封环，密封的间隙保持在 0.25～1.10mm 为宜。

1.3.6 填料盒

填料盒主要由填料箱、水封环、填料、填料压盖、压紧螺栓、水封管组成。填料盒的作用是封闭泵壳与泵轴之间的空隙，不让泵内的水流到外面来，也不让外面的空气进到泵内，始终保持水泵内的真空。当泵轴与填料摩擦产生热量，就要靠水封管的水到水封圈内，使填料冷却，保持水泵的正常运行，所以在水泵的运行巡回检查过程中对填料盒的检查是特别要留意，对问题的填料进行更换。

1.4 离心泵的工作原理

离心是物体惯性的表现。例如雨伞上的水滴，当雨伞缓慢转动时，水滴会跟随雨伞转动，这是因为雨伞与水滴的摩擦力作为给水滴产生向心力。离心泵之所以能把水送出就是离心力的作用。水泵在工作前，泵体和进水管必须灌满水，以便形成真空状态。当叶轮快速转动时，叶片促使水快速旋转，旋转着的水在离心力的作用下从叶轮中飞出，泵内的水被抛出后，叶轮的中心部分形成真空区域。水源的水在大气压力的作用下通过管网压到进水管内。这样循环不已，就可以实现连续抽水。在此值得一提的是：离心泵启动前一定要向泵壳内布满水以后方可启动，否则将造成泵体发热、振动，出水量减少，对水泵造成损坏，以致发生设备事故。

1.5 实验报告与思考题

1. 实验前的预习（进实验室前完成）
（1）预习课本及实验教程上有关离心泵结构、原理的相关内容并简述。

（2）绘制离心式水泵的结构原理草图。

2. 思考题

（1）离心泵有哪些主要部件及作用？

（2）叙述离心泵的工作原理。

（3）泵与风机有哪些主要的性能参数？铭牌上标出的是指哪个工况下的参数？

（4）轴端密封的方式有几种？各有何特点？用在哪种场合？

（5）为了提高流体从叶轮获得的能量，一般有哪几种方法？最常用的是哪种方法，为什么？

（6）流体在旋转的叶轮内是如何运动的？各用什么速度表示？其速度矢量可组成怎样的图形？

实验 2　离心泵性能测试

水泵的性能参数有流量 q_V、扬程 H、轴功率 P 及转速 n。各参数之间存在一定的关系，将其量值变化关系用曲线来表示，这种曲线就称为水泵的性能曲线。水泵的性能参数之间的相互变化关系及相互制约性。本实验可以及时检测水泵性能参数，掌握水泵的实际性能曲线，为用户选择水泵型号提供科学依据，从而达到合理选择水泵型号，节约能源的目的。

本实验项目绘制水泵特性曲线，并测定各种不同条件下的水泵效率，水泵的性能曲线可以直观地反映水泵的总体性能。它是指在一定转速下，以流量为基本变量，其他各参数随流量改变而改变的曲线。常用的性能曲线有流量－扬程（ $H-q_V$ ）曲线、流量－功率（ $P-q_V$ ）曲线、流量－效率（ $\eta-q_V$ ）曲线。其性能曲线对水泵的选型、经济合理的运行都起着非常重要的作用。

2.1　实　验　目　的

（1）了解离心式水泵的性能参数。
（2）掌握水泵参数的测试方法。
（3）了解实验设备及仪器仪表的性能和操作方法。
（4）测定离心自吸泵单泵的工作特性，绘制出该水泵的三条性能曲线： $H-q_V$、$P-q_V$、$\eta-q_V$。

2.2　水泵性能综合实验系统仪器简介

水泵性能综合实验仪装置如图 2-1 所示。

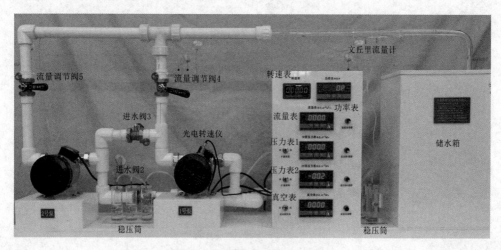

图 2-1　水泵性能综合实验仪装置

2.2.1　主要功能

（1）可以进行单泵特性曲线实验、双泵串联实验及并联实验。

（2）能进行泵的吸水管在空化状态下的断裂工况实验。

（3）系统自循环供水，水质可过滤自净。

（4）用文丘里–数字流量仪显示流量数值。

（5）电动机的效率已由厂家标定给出，泵的效率可由实验测定。

2.2.2　主要技术参数

（1）双水泵实验装置。

（2）水泵采用离心自吸式小型泵，单泵最大轴功率为 450W，最大吸程大于 6m 水柱，能明显出现空化气穴现象，最大总扬程可达 20m 水柱。

（3）水泵的转速由非接触型光电转速仪测量，测速精度可达 1‰ 以上。

（4）水泵进口与出口断面压强分别用压力真空表和压力表测量，精度为 1.0 级。

（5）水泵的流量用文丘里智能数显仪测量，测量方便可靠、精度高，可达 ±1.5%。

2.3　仪器操作说明

水泵实验装置原理图如图 2-2 所示。

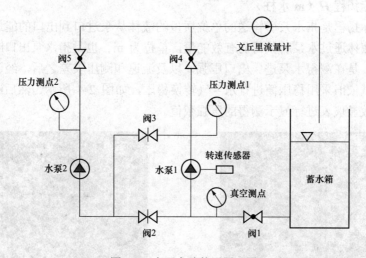

图 2-2　水泵实验装置原理图

实验条件设置：单泵特性曲线测定实验，选定泵 1 作为水泵，需关闭阀门 2、3、5。

2.4　实 验 原 理

对应某一额定转速 n，泵的实际扬程 H、轴功率 P、总效率 η 与泵的出水流量 q_V 之间的关系以曲线表示，称为泵的特性曲线，它能反映出泵的工作性能，可作为选择泵的依据。

泵的特性曲线可用下列三个函数关系表示：

$$H = f_1(q_V), \quad P = f_2(q_V), \quad \eta = f_3(q_V)$$

这些函数关系均可由实验测得，其测定方法如下：

2.4.1 水泵流量 q_V（$10^{-6}\mathrm{m^3/s}$）

水泵流量的测量通常采用节流式流量计来测量，这种流量计可分为孔板流量计、文丘里流量计和喷嘴流量计三种。此实验采用文丘里流量计来测量，原理如下：

$$q_V = \frac{1}{4}\pi d_1^2 \phi \frac{1}{\sqrt{\left(\dfrac{d_1}{d_2}\right)^4 - 1}} \sqrt{\frac{2\Delta p}{\rho}}$$

式中 q_V ——水泵流量，$10^{-6}\,\mathrm{m^3/s}$；

       ϕ ——文丘里流量计的流量系数，按 0.97 算；

       d_1 ——文丘里管大径，m；

       d_2 ——文丘里管小径，m；

       Δp ——文丘里管两端压差，Pa；

       ρ ——水的密度，$\mathrm{kg/m^3}$。

这样水泵流量的测量就转化成压差的测量。文丘里流量计的两个测压管分别连接到稳压筒的下面接口，经过稳压筒（见图 2-3）进行水－气转化稳压后，送到传感器放大电路，把信号放大后传给智能数显流量仪即可直接显示出实时流量。

2.4.2 实际扬程 H（m 水柱）

水泵的实际扬程是指水泵所输送的单位质量的液体从泵进口到出口的能量增加值，也就是单位质量的液体通过水泵所获得的有效能量，单位为 m。也是指水泵出口断面与进口断面之间总水头差，是在测得水泵进、出口压强，以及流速和测压表差之后，经计算求得。在实验中压强的测试依旧采用稳压筒进行水－气转换稳压，如图 2-4 所示，然后经过传感器进行信号放大，由数显仪表进行显示测得的压强数值。

图 2-3 文丘里流量计用稳压筒   图 2-4 压力测试用的稳压筒

在实验中，由于本装置的吸水管与排水管直径相同，吸水管与排水管的流速基本相同，故由 $H = \dfrac{p_2 - p_1}{\rho g}$ 可以得出

$$H = 102(p_2 - p_1) \tag{2-1}$$

式中 H——扬程，m 水柱；

p_2——水泵出口压强，MPa；

p_1——水泵进口压强，MPa，真空值用"－"表示。

2.4.3　轴功率 P_{sh}（泵的输入功率）

$$P_{sh} = P\eta_{电} \tag{2-2}$$

$$\eta_{电} = \left[a \times \left(\frac{P}{100} \right)^3 + b \times \left(\frac{P}{100} \right)^2 + c \times \left(\frac{P}{100} \right) + d \right] \Big/ 100 \tag{2-3}$$

式中　　P——功率表读数值，W；

$\eta_{电}$——电动机效率；

a、b、c、d——电机效率拟合公式系数，预先标定提供，实验开始前从实验装置的标牌上读出、记录以备计算用，请注意不同的实验装置系数也不同。

2.4.4　水泵效率 η 的计算

水泵的有效功率

$$P_e = \rho g q_V H$$

则

$$\eta = \frac{P_e}{P_{sh}} = \frac{\rho g H q_V}{P_{sh}} \times 100\% \tag{2-4}$$

式中　ρ——水的密度，$\rho=1000\text{kg/m}^3$；

g——重力加速度，$g=9.8\text{m/s}^2$；

P_{sh}——水泵的轴功率，W。

2.4.5　实验结果按额定转速的换算

如果泵实验转速 n 与额定转速 n_{sp} 不同，且转速满足 $\left| (n-n_{sp})/n_{sp} \times 100\% \right| < 20\%$，则应将实验结果按下面各式进行换算：

$$q_V = H \left(\frac{n_{sp}}{n} \right) \tag{2-5}$$

$$H_0 = H \left(\frac{n_{sp}}{n} \right)^2 \tag{2-6}$$

$$P_0 = P \left(\frac{n_{sp}}{n} \right)^3 \tag{2-7}$$

$$\eta_0 = \eta \tag{2-8}$$

式（2-5）～式（2-8）中带下标"0"的各参数为额定转速下的值。

2.5　离心式水泵性能曲线分析

2.5.1　扬程－流量性能曲线 $H - q_V$

根据实验内容要求，在相应位置建立能量方程。利用阀门调节流量，测定 H、q_V 的数值，H 值可由下式计算：

$$H = (Z_2 - Z_1) + \frac{p_2 - p_1}{\rho g} + \frac{v_2^2 - v_1^2}{2g}$$

式中　H——扬程，m；

$Z_2 - Z_1$——压力表至真空表接出点之间的高度，m；

p_2——压力表读数，MPa，换算成水柱高，m；

p_1——真空表读数，MPa，换算成水柱高，m；

ρ——水的密度，kg/m³；

v_1、v_2——泵进口、出口流速。

一般进口和出口管径相同，$d_2 = d_1$，$v_2 = v_1$，所以

$$\frac{v_2^2 - v_1^2}{2g} = 0$$

比转速小于 80 的离心泵具有上升和下降的特点（中间突出，两边下弯），称驼峰性能曲线；比转速为 50～80 的离心泵具有平坦的性能曲线；比转速在 150 以上的离心泵具有陡降性能曲线。

当流量小时，扬程就高，随着流量的增加扬程就逐渐下降。

2.5.2　功率－流量曲线 $P - q_v$

逐次改变阀门的开度，测得不同的 q_v 值和其相应的水头 H_1 值，在 $q_v - H$ 坐标系中得到相应的若干测点，将这些点光滑地连接起来，即得水泵的 $H - q_v$ 曲线。通常轴功率是随着流量而增加的，当流量 $q_v = 0$ 时，相应的轴功率并不是零，而为一定值（约正常运行的 60%）。这个功率主要消耗于机械损失上。此时水泵里是布满水的，假如长时间运行，会导致泵内温度不断升高，泵壳、轴承发热，严重时可能使泵体热力变形，称为"闷水头"，此时扬程为最大值。当出水阀逐渐打开时，流量就会逐渐增加，轴功率也缓慢增加。

2.5.3　效率－流量曲线 $\eta - q_v$

利用 $H - q_v$ 和 $P - q_v$ 曲线，任取一个 q_{v1} 值可以得出相应的 H_1 和 P_1 值，由此可得该流量下的效率 η_1 值：

$$\eta = \frac{P_e}{P_{sh}} = \frac{\rho g H q_v}{P_{sh}} \times 100\%$$

取若干个 q_{v1} 值，并求得相应 H_1 和 P_1 值，即可算出其相应的 η_1 值。在坐标系中可光滑地连出泵的 $\eta - q_v$ 效率曲线，其曲线像山头外形。当流量为零时，效率也是零；随着流量的增大，效率也逐渐增加，但增加到一定程度之后效率就下降了；效率有一个最高值，在最高效率点四周，效率都比较高，这个区域称为高效率区。

2.6　实验步骤与方法

（1）实验前，必须先对照图 2-1 和图 2-2，熟悉实验装置各部分名称与各种阀及仪表的作用，检查水系统和电系统的连接是否正常，蓄水箱的水量是否达到规定要求，记录有关实验装置的常数。

（2）泵启动与系统排气：全开阀门 1、4，其余阀全关，启动电源开启水泵 1，待输水管

道 5 中气体排尽后，关闭水泵，然后拧开各稳压筒上的放气螺丝，完成对稳压筒的加水和连接管排气，后将螺丝扭紧。

（3）电测仪表调零：在泵 1 关闭下，其流量表、真空表、压力表应显示为零，否则应调节仪表右边调零旋钮使其显示为零。

（4）测记电测仪表读值：开启水泵 1，在阀 1 全开情况下，调节阀 4 的开度，控制水泵 1 的出水流量。稳定后在表格 2-1 中测量并记录功率表、转速表、流量表、真空表及泵 1 压力表的数值。

（5）按上述步骤重复步骤（4）的实验测试，用阀 4 调节不同流量，测量 8～10 组数据。

（6）在阀 4 全开情况下，调节进水阀 1 来控制泵的开度，使真空表读值在 –0.07MPa 左右，稳定之后在表格 2-1 中测量并记录功率表、流量表、真空表、转速表与压力表的数值，泵的计算结果填入表 2-2 中。

（7）实验结束，先关闭泵开关，最后关闭总电源。

2.7　实验报告与思考题

1.　实验前的预习（到实验室做实验以前完成）

（1）根据实验目的的要求，预习课本及实验教程上的相关实验内容，并简述水泵的性能参数和曲线的意义。

（2）设计一个与实验教程上不一样的实验装置来完成实验项目，画出所设计的实验装置原理图，说明其测试原理。

2.　记录有关信息及实验常数

实验设备名称：泵特性实验装置　　　　　　实验装置台号 No._____

实验者：_____　　　　　实验日期：_____

电动机效率换算公式系数：

$a=$_____　　　$b=$_____　　　$c=$_____　　　$d=$_____

泵额定转速 $n_{sp}=$_____r/min

3. 实验数据记录及计算

表 2-1　　　　　　　　　　　　　　　　泵性能实验数据记录

序号＼项目	转速 n	功率表 P	流量仪 q_V	真空表 p_1	压力表 p_2
	r/min	W	$10^{-6}\,\mathrm{m^3/s}$	$10^{-2}\,\mathrm{MPa}$	$10^{-2}\,\mathrm{MPa}$
1					
2					
3					
4					
5					
6					
7					
8					
9					
10					

表 2-2　　　　　　　　　　　　　　　　泵性能数据计算结果

序号＼项目	实验换算值				$N_{sp}=2900$（r/min）时的值			
	转速 n	流量 q_V	总扬程 H	输入功率 P_{sh}	流量 q_0	总扬程 H_0	输入功率 P_{sh0}	泵效率 η
	r/min	$10^{-6}\,\mathrm{m^3/s}$	m	W	$10^{-6}\,\mathrm{m^3/s}$	m	W	%
1								
2								
3								
4								
5								
6								
7								
8								
9								
10								

4. 在同一图上绘制 $H_0 - q_0$、$P_{sh0} - q_0$、$\eta_0 - q_0$ 曲线

5. 思考题

（1）分析理论扬程与实际扬程的差别及形成差别的原因。

（2）什么是离心泵的特性曲线，什么是高效率区（高效率区如何确定的）？

（3）叙述理论特性曲线与实际（$H - q_V$）特性曲线的差别，以及形成差别的原因。

（4）画出离心泵的特性示意曲线，并说明每种特性曲线各有什么用途。

实验 3　离心泵串联性能测试

水泵的串联是水泵的出水口与吸水口彼此首尾相连接于一条实验管路上工作，出现这种情况是由于水泵的单级扬程满足不了排水要求，必须采用多级水泵，就是水泵的串联工作。水泵串联的特点是每台水泵的流量相同，扬程为其之和。串联的目的是增大扬程，因此，若设想用一台等效泵代替串联各泵，可以在同一流量坐标上，将串联各水泵扬程特性曲线叠加，即可得到等效泵扬程曲线。

3.1　实　验　目　的

（1）掌握串联泵的测试技术。

（2）测定离心型自吸泵在双泵串联工况下扬程－流量性能曲线 $H - q_V$，掌握双串联泵特性曲线与单泵特性曲线之间的关系。

3.2　仪 器 操 作 说 明

（1）实验装置原理图如图 2-2 所示。

（2）设置实验条件：在关闭阀 2、阀 4，开启阀 1、阀 3、阀 5 状态下，开启水泵 1 与水泵 2，两台水泵形成串联工作回路。

3.3　实　验　原　理

前一台水泵出口向后一台泵入口输送流体的工作方式，称为水泵的串联工作。水泵的串联意味着水流再一次得到新的能量，前一台水泵把扬程提到 H_1 后，后一台水泵再把扬程提高 H_2。即已知水泵串联工作的两台或两台以上水泵的性能曲线函数分别为 $H_1 = f(q_1)$、$H_2 = f(q_2)$、…，则水泵串联工作后的性能曲线函数为在流量相同情况下各串联水泵的扬程叠加：

$$H = f(q_v) = f_1(q_1) + f_2(q_2) + \cdots = H_1 + H_2 + \cdots$$

这些函数关系均可由实验测得，其测定方法如下所述。

3.3.1　流量 q_v（$10^{-6}\,\mathrm{m^3/s}$）

实验中使用文丘里流量计+水气转化稳压筒+传感器信号放大+智能数显流量仪可直接测得实时流量。

3.3.2　实际扬程 H（m 水柱）

泵的实际扬程系指水泵出口断面与进口断面之间总能头差，是在测得泵进、出口压强，流速和测压表表位差后，经计算求得。由于本装置泵的吸水管直径与排水管直径几乎相同，所以水流速几乎相同。

故由
$$H = \frac{p_2 - p_1}{\rho g}$$

可以得出
$$H = 102(p_2 - p_1)$$

式中　H——扬程，m 水柱；

　　　p_2——水泵出口压强，MPa；

　　　p_1——水泵进口压强，MPa，真空值用"－"表示。

通过以上分析表明：

（1）系统总流量与串联每台水泵流量相同。

（2）总扬程为串联工作的每台水泵之和。

（3）与一台泵单独在系统中运行相比较，串联后总流量和总扬程都有所增加，而每台串联运行的扬程比单台运行时的扬程都降低了。串联台数越多，每台泵与它单台单独运行时相比，扬程下降了很多。

（4）管路性能曲线越陡峭，串联后扬程增加越明显。

（5）串联后泵的压力逐级升高，要求后级工作的泵强度高，避免泵受损坏。

3.4　实验步骤与方法

（1）实验前，必须先对照图 2-1 和图 2-2，熟悉实验装置各部分名称与各种阀及仪表的作用，检查水系统和电系统的连接是否正常，蓄水箱的水量是否达到规定要求，记录有关实验装置的常数。

（2）电测仪表调零：在水泵关闭下，其流量表、真空表、压力表应显示为零，否则应调节仪表右边的调零旋钮使其显示为零。

（3）测定水泵 1 流量－扬程：关闭阀 2、阀 3、阀 5，全开阀 1，开启水泵 1，开启阀 4，待流量稳定后，测记流量仪表及扬程（即泵 1 压力表 1 表值与真空表表值之差）。调节阀 4 开度，不同流量下重复测量 8～12 次，注意其扬程最大不应超过 7m，分别记录相应流量、压力仪表数值。

（4）测定水泵 2 流量－扬程：先关闭水泵 1，再关闭阀 3、阀 4，全开阀 1、阀 2、开启水泵 2，调节阀 5 的开度，改变流量 8～12 次，每次分别使流量达到上述步骤（3）中各次设定的流量值（即流量表表值对应相等），在表 3-1 中测量并记录各流量下扬程（即泵 2 压力表表值与真空表表值之差）。

（5）测定水泵 1、水泵 2 串联工作流量－扬程：先关闭水泵 2，再关闭阀 2、阀 4，全开阀 1、阀 3，同时开启水泵 1、水泵 2，调节阀 5 的开度，改变流量，每次分别使流量也达到步骤（3）各次设定的流量值（即流量表数值对应相等），在表 3-1 中测量并记录各流量下的扬程（即压力表数值与真空表数值之差）。

（6）实验结束，先打开所有阀门，关闭泵开关，最后关闭总电源。

3.5　实验报告与思考题

1.　实验前的预习（到实验室做实验以前完成）

（1）根据实验目的和要求，预习课本及实验教程上水泵串联的有关实验内容，并简述曲线的意义。

（2）设计一个与实验教程上不同的实验装置来完成实验项目，画出所设计的实验装置原理图说明其测试原理。

2.　记录有关信息及实验常数

实验设备名称：_____　　　　　实验装置台号 No._____

实验者：_____　　　　　　　实验日期：_____

电动机效率换算公式系数：

$a=$_____　　　$b=$_____　　　$c=$_____　　　$d=$_____

泵额定转速 $n_{sp}=$_____ r/min

3. 实验数据记录及计算

表 3-1　　实验数据记录及计算

项目 序号	流量 q_V ($10^{-6}\,\mathrm{m^3/s}$)	水泵 1			水泵 2			双泵	串联工作		
		压力表 p_2 (10^{-2} MPa)	真空表 p_1 (10^{-2} MPa)	扬程 H_1 (m)	压力表 p_2 (10^{-2} MPa)	真空表 p_1 (10^{-2} MPa)	扬程 H_2 (m)	$H_1 + H_2$ (m)	压力表 p_2 (10^{-2} MPa)	真空表 p_1 (10^{-2} MPa)	总扬程 H (m)
1											
2											
3											
4											
5											
6											
7											
8											
9											
10											
11											
12											

4. 分别绘制单泵与双泵扬程 $H - q_V$ 性能曲线

5. 实验分析与讨论

（1）试分析泵串联系统中两泵之间的管道损失对实验数据的影响。

（2）结合实验成果，分析讨论在实际管路系统中，两台同性能泵在串联工作时，其扬程能否增加一倍，并分析原因。

6. 思考题

（1）叙述什么是水泵的串联，串联的特点，串联工作的限制条件，以及串联工况点的求法。

（2）叙述什么是允许吸上真空高度，以及水泵最大安装高度设计中要考虑的因素。

（3）叙述什么是水泵的汽蚀余量及其与允许吸上真空高度的关系。

（4）试述离心泵的启动程序、停泵程序，为什么。

实验 4　离心泵并联性能测试

当采用一台泵不能满足流量要求，需要多台水泵同时向一条压力管路输水时，称之为并联。并联的特点是各个水泵的扬程相同，等于管路所需要的扬程，而流量为其之和，这样避免因为其中一台泵发生故障而影响系统的运行。为了求得联合工况点和各自的工况点，可以设想由一台泵等效来代替，根据并联工作的特点，该等效水泵的扬程应该等于两泵并联时各自的扬程，等效水泵产生的流量应该等于两泵并联时的流量之和。

4.1　实　验　目　的

（1）了解离心泵并联运行的特点。
（2）掌握并联泵的测试技术。
（3）测定离心泵在双泵并联工况下扬程 $H - q_V$ 性能曲线，掌握双并联泵性能曲线与单泵性能曲线之间的关系。

4.2　仪　器　操　作　说　明

（1）实验装置原图如图 2-2 所示。
（2）实验条件设置：在关闭阀 3，开启阀 1、阀 2、阀 4、阀 5 的状态下，开启水泵 1 与水泵 2，两台水泵形成并联工作回路。

4.3　实　验　原　理

两台或两台以上的水泵向同一压力管道输送流体的工作方式，称为水泵的并联工作。水泵在并联工作下的性能曲线，就是把对应同一扬程 H 值的各个水泵的流量 q_V 值叠加起来。若两台或两台以上水泵的性能曲线函数关系已知，分别为 $H_1 = f_1(q_{V1})$、$H_2 = f_2(q_{V2})$、…，这样就可得到两台或两台以上水泵并联工作的性能曲线函数关系：

$$q_V = f(H) = q_{V1} + q_{V2} = f_1(H) + f_2(H)$$

如果两台水泵相同，则有 $f_1(H) = f_2(H)$，即

$$q_V = 2f_1(H)$$

这些函数关系均可由实验测得，其测定方法如下：
（1）流量 $q_V (10^{-6} \text{m}^3/\text{s})$。使用文丘里智能数显流量仪可直接测得实时流量。
（2）实际扬程 H（m 水柱）。泵的实际扬程是指水泵出口断面与进口断面之间总能头差，是在测得泵进、出口压强，流速和测压表表位差后，经计算求得。由于本装置内各点流速较

小，流速水头可忽略不计，故由 $H = \dfrac{p_2 - p_1}{\rho g}$，可以得出

$$H = 102(p_2 - p_1)$$

式中　H——扬程，m 水柱；

　　　p_2——水泵出口压强，MPa；

　　　p_1——水泵进口压强，MPa，真空值用"－"表示。

4.4　实验步骤与方法

（1）实验前，必须先对照图 2-1 和图 2-2，熟悉实验装置各部分名称与各种阀及仪表的作用，检查水系统和电系统的连接是否正常，蓄水箱的水量是否达到规定要求，记录有关实验装置的常数。

（2）电测仪表调零：在水泵关闭下，其流量表、真空表、压力表应显示为零，否则应调节仪表右边调零旋钮使其显示为零。

（3）测定水泵 1 扬程－流量：关闭阀 2、阀 3、阀 5，全开阀 1，开启水泵 1，调节阀 4 的开度，使扬程达到某一设定扬程（即压力表数值与真空表数值之差），在表 4-1 中记录流量表数值。改变扬程 8～12 次（最大扬程不应超过 15m），并测记流量表在相应扬程下的流量数值。

（4）测定水泵 2 扬程－流量：关闭水泵 1 电源，再关闭阀 3、阀 4，全开阀 1、阀 2，开启水泵 2，调节阀 5 的开度，改变扬程，使每次扬程分别达到步骤（3）设定的各次扬程数值，在表 4-1 中记录流量表在相应扬程下各流量的读值。

（5）测定水泵 1、水泵 2 并联工作扬程－流量：先关闭水泵 2，再关闭阀 3，全开阀 1、阀 2，同时开启水泵 1、水泵 2，分别调节阀 4、阀 5 的开度，改变水泵扬程多次，使每次两水泵扬程均达到步骤（3）设定的各次对应扬程值，在表 4-1 中记录流量表在相应扬程下各流量的数值。

（6）实验结束，先打开所有阀门，再关闭水泵开关，最后关闭总电源。

（7）根据实验数据分别绘制单泵与双泵的扬程－流量 $H = f(q_V)$ 性能曲线。

通过以上分析表明：

（1）两台泵并联后的流量等于各台泵之和，显然与各泵单独工作时相比，两台泵并联后的总流量小于各泵单独工作时的流量之和，而大于单台泵单独工作的流量之和。

（2）并联后的扬程却比单台泵扬程要大。

（3）并联工作时，管路性能曲线越平坦，流量就越接近单独运行的 2 倍。如果管网曲线很陡，到一定程度时并联的方法是无用的。

（4）水泵并联运行，除了可以提高管路的流量外，还可以通过调节运行水泵的数量来实现系统中所需的最佳流量。在既定的管路系统中，并联水泵与单台水泵相比可能会出现流量增加很少的情况，有时并联水泵的工作点会严重偏离并引起电机超载，出现这样的情况，并联就失去了其本质意义。

（5）并联水泵，需要调节流量时，还要尽可能地保证水泵的高效、安全运行及管路中流量的需求。因此，要实现单台水泵在更大流量范围内运行，采用变频的技术是很好的选择。通过变频器拖动水泵运行，不仅能实现流量在更大范围内随意调节，也能极大地降低能耗，

减少运行成本。

（6）并联的目的是增加流量，但并不是台数越多越好，当水泵并联达到 3 台以上时效率会下降。

4.5　实验报告及思考题

1. **实验前的预习（到实验室做实验以前完成）**

（1）根据实验目的和要求，预习课本上及实验教程上水泵并联的相关内容，并说明曲线的意义。

（2）设计一个与实验教程上不一样的实验装置来完成实验项目，画出所设计的实验装置原理图说明其测试原理。

2. **记录有关信息及实验常数**

实验设备名称：_____　　　　实验装置台号 No._____

实验者：_____　　　　实验日期：_____

电动机效率换算公式系数：

　　　　　　$a=$_____　　　　$b=$_____　　　　$c=$_____　　　　$d=$_____

泵额定转速 $n_{sp}=$_____ r/min

3. 实验数据记录及计算

表 4-1

并联实验记录表

项目 序号	泵 1 压力表 p_{21} 10^{-2} MPa	泵 2 压力表 p_{22} 10^{-2} MPa	真空表 p_1 10^{-2} MPa	扬程 H m	水泵 1 流量 q_{v1} 10^{-6} m³/s	水泵 2 流量 q_{v2} 10^{-6} m³/s	双泵 $q_{v1}+q_{v2}$ 10^{-6} m³/s	并联工作流量 q_v 10^{-6} m³/s
1								
2								
3								
4								
5								
6								
7								
8								
9								
10								
11								
12								

4. 绘制离心式水泵并联特性曲线

5. 思考题

（1）当两台泵的特性曲线存在差异时，两泵并联系统的特性曲线与单泵的特性曲线之间应当存在怎样关系？

（2）结合实验成果，分析讨论在实际管道系统中，两台同性能泵在并联工作时，其流量能否增加一倍，并分析原因。

（3）叙述什么是水泵的并联，并联的优点，以及并联工况点的求法。

第Ⅱ部分 风机综合实验

离心风机是依靠输入的机械能，提高气体压力并排送气体的机械，它是一种从动的流体机械。风机广泛用于工厂、矿井、隧道、冷却塔、车辆、船舶和建筑物的通风、排尘和冷却，锅炉和工业炉窑的通风和引风，空气调节设备和家用电器设备中的冷却和通风，谷物的烘干和选送，风洞风源和气垫船的充气和推进等。风机的工作原理与透平压缩机基本相同，只是由于气体流速较低，压力变化不大，一般不需要考虑气体比容的变化，即把气体作为不可压缩流体处理，本部分主要介绍离心式风机与轴流式风机的结构、工作原理及离心式风机主要性能参数的测量。

实验5 风机结构原理分析

5.1 实 验 目 的

（1）了解不同类型风机的结构特点。
（2）掌握风机的结构及主要部件的作用。
（3）掌握风机的工作原理。

5.2 风 机 的 分 类

按气体流动的方向，风机可分为离心式、轴流式、斜流式（混流式）和横流式等类型。这里只简介离心式风机与轴流式风机。

（1）离心式风机。离心式风机气流轴向进入风机的叶轮后主要沿径向流动。这类风机根据离心作用的原理制成。

（2）轴流式风机。轴流式风机气流轴向进入风机的叶轮，并沿轴向流出，这类风机称为轴流通风机，与离心式风机比轴流式风机流量大、风压低，而且结构简单、紧凑、外形尺寸小、重量轻，动叶片可调，转子结构复杂而要求制造安装精度高。另外，噪声也比较大，尤其是大型轴流式风机，所以在进口、出口都要安装消声器。

5.3 离心式风机的结构原理

离心式风机结构如图5-1所示。

5.3.1 叶轮

叶轮是实现能量转换的主要部件。叶轮是风机的主要部件，叶轮一般由前盘、叶片、后盘及轮毂组成。离心风机的叶片形式根据其出口方向和叶轮旋转方向之间的关系可分为前弯式、径向式及后弯式三种。后弯式叶片的弯曲方向与气体的自然运动轨迹完全一致，因此气体与叶片之间的撞击少，能量损失和噪声都小，效率也高。前弯式叶片的弯曲方向与气体的运动轨迹相反，气体被强行改变方向，因此它的噪声和能量损失都较大，效率较低。径向式叶片的特点介于后弯式和前弯式之间。

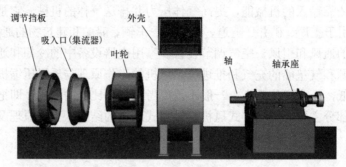

图 5-1 风机结构

5.3.2 集流器

集流器装在叶片的进口，其作用是以最小的阻力损失引导气流均匀地充满叶轮的入口。集流器形式有以下几种。

（1）圆筒形：叶轮进口处会形成涡流区，直接从大气进气时效果更差。

（2）圆锥形：好于圆筒形，但它太短，效果不佳。

（3）弧形：好于圆筒形和圆锥形集流器。

（4）锥弧形：最佳，高效风机基本上都采用此种集流器。

集流器直接从外界空间吸入气体，称为自由进气。另外，由于风机结构的需要，如大型风机的进口前装有弯管或者采用双吸入风机时，为改善气流的进气条件，减少气流分布不均匀而造成的阻力损失，可在集流器前装有进气箱，其形状及尺寸对风机的性能影响很大。

集流器与叶轮的配合关系以套口间隙形式为好。而对口间隙形式的泄漏气流与主流垂直，破坏了主流的流动，产生涡流，因此较少采用。为了保证风机的性能，应保证风机集流器与叶轮之间的间隙符合图纸标准。对于一些气体温度较高且机号较大的风机，为了保证风机在高温状态下运行时，机壳热膨胀后进风圈与叶轮不发生摩擦，进风圈与叶轮进口之间的间隙并非完全均匀，一般上大下小，左右均匀，调校进风圈与叶轮进口之间的间隙，保证该间隙值满足图纸的要求。

5.3.3 蜗壳（机壳）

风机性能的好坏、效率的高低主要决定于叶轮，但蜗壳的形状和大小、吸气口的形状等也会对其产生影响。蜗壳的作用是汇集从叶轮中流出的气体，引向风机的排气口，并在这个流动的过程中使气体从叶轮处获得的动压能一部分转化为静压能（压力能），形成一定的风压。

5.3.4 蜗舌

离心风机的蜗壳出口处有舌状结构，一般称作蜗舌。蜗舌可以防止气体在机壳内循环流动。蜗舌的种类有以下几种：

（1）尖舌。具有尖舌的风机虽然效率高，但是效率曲线比较陡，且风机的噪声一般比较大，性能恶化，不能使用。

（2）深舌。深舌大多用于低比转速的风机。

（3）短舌。短舌大多用于高比转速的风机。

（4）平舌。具有平舌的风机虽然效率较平舌效率低，但是效率曲线平坦，风机噪声小。

（5）蜗舌。蜗舌顶端的圆弧 r，对风机气动力性能无明显影响，但对噪声影响比较大。蜗舌顶端圆弧半径 r 小，噪声会增大，一般取 $r=（0.03～0.06）D_2$，D_2 为风机出口直径。

（6）轴承箱。轴承箱体是由传动轴、轴承、轴承座组成。

（7）调节风门。安装调节门时应注意调节门的叶片转动方向是否正确，应保证进气的方向与叶轮旋转方向一致。常见的调节门是花瓣式叶片型调节门，调节范围由 0°全开到 90°全闭。调节门的搬把位置，从进风口方向看过去在右侧。对于右旋转风机，搬把由下往上推是全闭到全开方向；对于左旋转风机，搬把由上往下拉是全闭到全开方向。注：从电机一端正视，如叶轮按顺时针方向旋转称右旋风机，按逆时针方向旋转称左旋风机。

5.3.5 风机的工作原理

离心风机是根据动能转换为势能的原理，利用高速旋转的叶轮将气体加速，然后减速、改变流向，使动能转换成压力势能。在单级离心风机中，气体从轴向进入叶轮，气体流经叶轮时改变成径向，然后进入扩压器。在扩压器中，气体改变了流动方向造成减速，这种减速作用将动能转换成压力能。压力增高主要发生在叶轮中，其次发生在扩压过程。在多级离心风机中，用回流器使气流进入下一叶轮，产生更高压力。

当电动机转动时，风机的叶轮随着转动。叶轮在旋转时产生离心力将空气从叶轮中甩出，空气从叶轮中甩出后汇集在机壳中，由于速度慢，压力高，空气便从通风机出口排出流入管道。当叶轮中的空气被排出后，就形成了负压，吸气口外面的空气在大气压作用下又被压入叶轮中。因此，叶轮不断旋转，空气也就在通风机的作用下，在管道中不断流动。

5.4 轴流式风机结构原理

5.4.1 轴流式风机的结构

轴流式风机主要由叶轮、导叶、叶轮外壳、扩压器、吸入室（集流器）、安装叶片的轮毂和电动机等组成。轮毂与电动机轴用平键连接。轴流式风机的叶片有 4 片和 6 片两种，其进、排出空气的流动方向与电动机轴平行。

（1）叶轮。叶轮的作用与离心式相同，是把原动机的机械能转换成流体的压力能和动能的主要部件，叶轮由叶片与轮毂组成，轮毂用来安装叶片和叶片调节机构，叶轮有固定叶片、半调节叶片和全调节叶片三种。

（2）导叶。导叶能使通过叶轮前后的流体有一定的流动方向，使其阻力损失小，安装在叶轮进口前的为前导叶，安装在叶轮出口的为后导叶，后导叶除了将流出叶轮的流体的旋转运动转变为向外的轴向运动外，同时还将旋转运动的部分动能转换为压力能。

（3）吸入室（集流器）。泵的吸入室，风机称为集流器，装在叶轮的进口，其作用和离心式相同，轴流风机一般采用喇叭管型集流器，并在集流器前装有进气箱。

（4）扩压筒。扩压筒的作用是将后导叶流出的气流的动能转变为压力能，其结构有筒型和锥形。

5.4.2　轴流式风机工作原理

当叶轮旋转时，气体从进风口轴向进入叶轮，受到叶轮上叶片的推挤而使气体的能量升高，然后流入导叶，导叶将偏转气流变为轴向流动，同时将气体导入扩压管，进一步将气体动能转换为压力能，最后引入工作管路。

5.4.3　对旋风机工作原理

对旋风机是轴流式风机，将一个叶轮装在另一个叶轮的后面，而叶轮的转向彼此相反，称为对旋型轴流通风机，如图 5-2 所示。对旋风机采用两级叶轮对旋式结构，两级叶轮分别由容量及相同型号电动机驱动，两个叶轮旋转方向相反，从进风口看，第一级叶轮顺时针方向旋转，第二级叶轮则逆时针方向旋转。空气流入第一级叶轮获得能量后并经第二级叶轮排出，第二级叶轮兼备普通轴流风机中静叶的功能，在获得整直圆周方向速度风量同时，增加气流的能量，从而达到普通轴流式通风机不能达到的高效率、高风压。

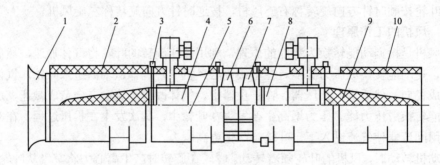

图 5-2　对旋风机结构

1—集流器；2—前消声器；3—注油杯；4—Ⅰ级电机；5—机壳；6—Ⅰ级叶轮；

7—Ⅱ级叶轮；8—Ⅱ级电机；9—扩散器；10—后消声器

5.4.4　对旋风机的特点

（1）传动效率高。叶轮直接安装在电机轴上，改变了保守的传动结构，既避免了传动装置的频繁损坏，消除了能量损耗，又提高了风机装置的传动效率，同时也提高了使用效率。

（2）压力值高。对旋轴流风机最高压力点的压力值较高，一般比普通带后导的轴流风机压力高 1.2～1.3 倍。

（3）静压效率高。由于采用对旋结构，减少了两级工作轮之间中的导叶，降低了风机内部阻力损失，提高了风机的静压效率。

（4）最高效率高，高效运行范围广。对旋风机比前置导叶两级风机的最高效率高出约 8%，比后置静叶型两级风机最高效率高 4%～5%，风机的全压效率一般在 80%以上。

（5）使用灵活。对旋风机两级工作轮分别由两台电机驱动，因而对旋风机对应不同的使用状态，可进行各式各样的组合。

（6）轴流对旋风机，有良好的逆向送风（反风）性能。改变两级叶轮的旋转方向，及可有效地反风。单向对旋风机其反风风量一般为正向风量的 65%，风压为正向运转风压的 50%；双向可逆对旋风机其反向流量和风压与正转流量和风压基本相等。

5.5　实验报告与思考题

1.　实验前的预习（进实验室前完成）

（1）预习课本及实验教程上的有关风机结构、原理的相关内容。

（2）绘制离心式风机的结构原理草图。

2.　思考题

（1）离心式风机有哪些主要部件，各有何作用？

（2）简述离心风机的工作原理。

（3）离心风机有哪几种叶片形式，各对性能有何影响？

实验 6   离心式风机性能测试

风机的基本性能是通过风机性能参数来评价的，而其性能参数的获取要通过实验台进行测试实验，即保持风机转速不变，通过调节阀门的开度来改变空气流量，得到风压、转速、温度、电机功率等实验数据，进而计算得出风机的流量、功率、效率等评价风机性能的参数，最终得出风机的特性曲线。

6.1 实 验 目 的

（1）熟悉风机性能测定装置的结构与基本原理。
（2）掌握利用实验装置测定风机特性的方法。
（3）通过实验测出被测风机的 $p-q_V$，$p_{st}-q_V$，$\eta-q_V$，$\eta_{st}-q_V$，$P-q_V$ 气动性能曲线（绘制曲线）。

6.2 实 验 原 理

风机性能实验分风管式和风室式两类。根据实验管路与风机进出气口连接方式的不同，又可分为进气、出气、进出气三种实验形式。进行风机性能测试实验的风机、风管及其测点布置直接决定性能参数的计算方法及结果的可靠性，因此实验时必须严格遵守 GB/T 1236—2017《工业通风机　用标准化风道进行性能实验》的有关规定，这也是进行通风机性能计算的前提和基础。本实验采用风机进气实验装置对风机的主要参数进行测试，从而得到被测风机的气动性能曲线。

6.3   实验台的结构及测试原理

实验台的结构如图 6-1 所示。

图 6-1　风机性能实验台布置

这种形式布置的实验台，只要在风机的进口装设管道，气体就从集流器进入吸风管道，再经过整流栅进入叶轮，在集流器处放置调节流量的装置。

6.3.1　实验风管

实验装置采用进气实验法，即通风机进气口端连接测试管路，出气口端通向大气。风量采用锥形进口集流器法测的。其实验风管进风口为锥形集流器，在集流器的一个断面上，设有四个测压孔，用橡胶管接到 U 形管测压板上，以测出进入风机的进口静压 p_{st1}。风管内装有节流网和整流栅，节流网可以用来调节空气流量（可用小硬纸片吸附在网上以减小通风面积），而整流栅可以起到使流入风机气流均匀的作用。在距风机进口处的风管断面上也设有四个测压孔，同样用橡胶管接到另一个 U 形管测压板上，用以测量进口通风机静压 p_{st1} 测压介质为水。

6.3.2　被测风机

风机包括进风口、叶轮和蜗壳，风机的进风口用法兰与试验风管的接头相连接。

（1）实验台采用进气实验方法。实验台风机在一定工况下（利用在节流网上加纸片或者橡胶板来调节流量）运行时，空气流经集流器、节流网（起流量调整作用）、整流栅（使流入风机的气流均匀）、风管等部分进入风机，被叶轮抽出风机出口。利用集流器于风管测出进入风机的流量，在集流器上测出集流器负压 p_{stj}，在风机进口测孔处测定进口风管压力 p_{st1}。

（2）读取控制箱上电压、电流及功率的数值，如图 6-2 所示，从左到右一次为表电压表、电流表及功率表。数显电压表显示了三相线电压、电流表显示三相电流，读出其中一相的数值即可。三相功率表，从上到下依次显示有功功率、无功功率及视在功率，只需要读出有功功率的数值即可。

（3）测得上述集流器压力 p_{stj}、进风管压力 p_{st1}、电机三相电压 U、电机电流 I、电机有功功率 P 等实验数据以后，再利用已知的实验台原始参数，通过它们之间的关系式，就可以计算出该工况下其他的风机参数。

图 6-2　控制箱面板

6.3.3　实验控制仪

控制仪用于控制风机的启动与停止，显示电机的电压、电流、功率等数值。

6.4　气动性能参数的测量与计算

6.4.1　风机流量的测量与计算

在本实验中采用集流器测量流量，在实验中，为了使气流稳定地流入风筒，在风筒的进口设集流器，这时可以通过测量集流器的静压来确定风机的风量。

风机入口处的伯努利方程得

$$z_1 + \frac{p_1}{\rho g} + \frac{v_1^2}{2g} = z_2 + \frac{p_2}{\rho g} + \frac{v_2^2}{2g}$$

由于 $z_1 = z_2$，$p_2 - p_1 = p_{\text{stj}}$，$v_2 = 0$，所以

$$v_1 = \sqrt{\frac{2p_{\text{stj}}}{\rho}}$$

故　　　　　　　　　　$$q_V = A_1 v_1 = A_1 \phi \sqrt{\frac{2p_{\text{stj}}}{\rho}}$$

式中　　q_V ——通风机体积流量，m^3/s；

　　　　A_1 ——集流器喉部静压测点所在断面面积，m^2；

　　　　p_{stj} ——流器测压断面（喉部）静压值，mmH_2O；

　　　　ρ ——空气密度，kg/m^3；

　　　　ϕ ——锥形集流器流量系数，$\phi = 0.98$。

6.4.2　风机风压的测量与计算

1. 风机压力的测试原理

压力是风机性能实验中的重要参数，其精度直接关系到性能实验的结果是否准确，压力的测量参数有大气压力化、喷嘴压差和风机进口静压。风机的风压是单位体积的气体流过风机时获得的能量，即风机出口截面与进口截面上气体的全压之差（单位体积气体流风机后所获得的总能量），以 p 表示，单位 N/m^2，由于其单位跟压力单位相同，所以称为风压。

通风机的性能实验装置分为四种形式。图 6-3 所示为标准化实验风道的 C 型，带有壁测孔的出口孔板，孔板与壁测孔应符合国家标准的相关要求。C 型实验装置是由进口流量测试装置、风筒、集流栅等部分组成。测试时在距离始端处 $d_5/2$（d_5 风筒进口处直径）周围装设一组测压管接头，用集流器获得该处进口静压 p_{stj}，用于计算通风机的流量。在距离风筒 $3D_3$（D_3 风机进口处直径）处装设另一组测压管接头，以便测量通风机进口静压 p_{st1} 的大小。

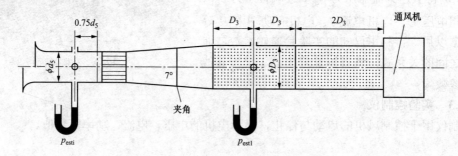

图 6-3　锥形进口测定流量的 C 型实验装置

压力测量用的压力计一端接壁测孔或者压力测量平面内皮托管静压管组的压力接头，另一端应与实验室内的大气相通。为了保证通风机压力测量平面对应的差压，压力计的测量布置 4 个测孔接头，4 个压力测孔等距分布在圆周上，轴线与风道内表面垂直，并且平齐，内部不应有突出部分，且孔边倒圆，测孔附近的气流应保证均匀、稳定，孔径不小于 1.5mm 且不大于 5 mm，本装置压力测孔的直径为 3mm。4 个测孔通过圆管连接在一起，得到单一的平均压力，然后此压力通过软管连接到压差计，从而进行测量。测孔分布及连接方式如图 6-4 所示。

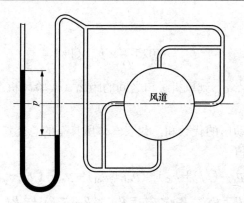

图 6-4　获得压力计静压测孔连接方式

2. 风压的相关计算

用下标 1、2 表示进口和出口的状态，在风机的吸入口与压出口之间列伯努利方程：

$$z_1 + \frac{p_1}{\rho g} + \frac{v_1^2}{2g} + H = z_2 + \frac{p_2}{\rho g} + \frac{v_2^2}{2g} + \sum H_f$$

上式各项均乘以 ρg，整理得

$$\rho g H = \rho g(z_2 - z_1) + (p_2 - p_1) + \frac{\rho(v_2^2 - v_1^2)}{2} + \rho g \sum H_f \qquad (6-1)$$

由于气体密度 ρ 比较小，故 $\rho g(z_2 - z_1)$ 可以忽略，由于进气管段比较短，所以 $\rho g \sum H_f$ 也可以忽略，由于气体是从大气直接进入通风机，所以 v_1^2 也可以忽略。

所以式（6-1）简化为 　　　　　$$\rho g H = (p_2 - p_1) + \frac{\rho v_2^2}{2}$$

式（6-1）中 $(p_2 - p_1)$ 称为静压，以 p_{st} 表示，$\dfrac{\rho v_2^2}{2}$ 称为动压，用 p_d 表示。离心式风机出口处气流速度比较大，所以动压不能忽略，所以风机的风压是指静压与动压之和，通常风机的风压是指全压。

（1）通风机进口动压。动压是空气流动时所产生的压力。只要风管内的空气流动就具有一定的动压，是指单位体积的气体所具有的动能，是一种力，它的表现是使管内气体改变速度，动压只作用于气体流动方向，且恒为正值，在截面上流速度较为均匀的情况下，截面上气体的动压可用下式表示：

$$p_{d1} = \frac{1}{2}\rho\left(\frac{q_V}{A_1}\right)^2 \ (\text{Pa})$$

（2）通风机出口动压（即风机动压）。风机动压是指风机出口截面轴向平均速度的动压：

$$p_{d2} = \frac{1}{2}\rho\left(\frac{q_V}{A_2}\right)^2 \ (\text{Pa})$$

式中　A_2——通风机出口断面面积，m^2。

（3）通风机全压。在风机进气实验中，风机的出口为大气压，所以其出口静压 $p_{st2} = 0$。由于风机进口到静压测点存在流动损失，使测得的静压比风机进口实际静压偏高，这部分损

失用 p_{w1} 表示，所以

$$p_{w1} = 0.025 \frac{l_1}{D_1} \times p_{d1} \text{（Pa）}$$

式中 l_1 ——风机静压测点 p_{st1} 到风机进口之间的距离（实验风机上测量）；

D_1 ——风筒直径。

风机的全压是静压与动压的代数和，代表气体所具有的总能量，如果以大气压为起点，它可以是正值也可以是负值。

$$p = p_2 - p_1 = (p_{st2} + p_{d2}) - (p_{st1} + p_{d1}) = p_{d2} - (p_{st1} - p_{st2}) - p_{d1}$$

$$p = p_{d2} - p_{st1} - p_{d1} = p_{d2} - (p_{est1} - p_{w1}) - p_{d1}$$

其中 $p_d = p_{d2}$

（4）通风机静压。由于分子不规则的运动而撞击管壁所产生的力，称为静压，是指单位体积所具有的势能，是一种力，在流场内各点大小都一样，表现为使气体压缩，对管壁施压。管道内气体的绝对静压既可以是正值，也可以是负值。

$$p_{st} = p - p_d = p_{w1} - p_{est1} - p_{d1}$$

风机全压等于风机静压与风机动压之和，风机动压是与流量有关的。流量越大，风机动压越大；当流量为 0 时，风机动压为 0，这时全压与静压相等。随着流量的变大，由于阻力损失等关系，全压会先变大再变小；当流量过大时，超过了最佳工况，动压会大幅度增加，静压会大幅度减小。

（5）通风机的功率。

有效功率 $P_e = \dfrac{p q_V}{1000}$ （kW）

静压有效功率 $P_{est} = \dfrac{p_{est} q_V}{1000}$ （kW）

输入通风机的轴功率 $P_{sh} = \eta_{el} P_{el}$ （kW）

式中 η_{el} ——电动机的效率，$\eta_{el} = 0.79$；

P_{el} ——电表的有功功率。

（6）通风机全压效率及静压效率。

通风机全压效率 $\eta = \dfrac{P_e}{P_{sh}} \times 100\%$

通风机静压效率 $\eta_{st} = \dfrac{P_{est}}{P_{sh}} \times 100\%$

6.4.3 风机转速的测量

风机转速的测量是采用机械式手持转速表，它主要由机心、变速器和指示器三部分组成，如图 6-5 所示。由于风机轴与电动机的轴是同轴相连接的，所以从电动机风扇端测量风机的转速即可。电动机的额定转速为 2900r/min，而手持式转速表是多挡位的，实验前要看看转速表的调速盘上选择的挡位是否在 1500～6000r/min（一般不需要调整），测量时读出表盘内圈数据，不可以选错。测量时注意把转速表端平使其与电机轴接触，用力不要太大，以免损坏测量仪表，电机是高速运转，测量时请注意人身安全。

图 6-5　手持式机械转速表

6.4.4　通风机性能换算

当通风机测定的条件不是标准状态（即温度 20℃，1 个大气压，相对湿度 50%，空气密度 1.205kg/m³）和额定转速（$n_0 = 1450\text{r/min}$）时，应将测试及计算的结果换算为额定转速、风机标准进口下的参数，然后在绘制风机的性能曲线。测定条件和标准状态下空气的密度换算公式为

$$\rho = \rho_0 \frac{(273+20)p_a}{101325 \times (273+t)} - \frac{k\varphi}{100 \times 9.80665}$$

式中　ρ_0 ——标准大气压下的空气密度，kg/m³；

　　　p_a ——标准条件下的大气压，Pa；

　　　t ——标准条件下的空气温度，℃；

　　　φ ——标准条件下的空气湿度，%；

　　　k ——空气湿度校正系数，见表 6-1。

表 6-1　　　　　　　　　　　　　　　　空气湿度校正系数

t（℃）	5	10	15	20	25	30	35	40	45	50
k	0.004	0.006	0.008	0.011	0.014	0.018	0.024	0.031	0.039	0.05

本实验中，认为仅空气温度与标准温度不同，所以测定条件下的空气密度可简化为

$$\rho = \rho_0 \times \frac{293}{273+t}$$

则在额定转速下、风机标准进口状态下的性能参数为

$$q_{V0} = q_V \frac{n_0}{n}$$

$$p_0 = p \left(\frac{n_0}{n}\right)^2 \frac{\rho_0}{\rho}$$

$$P_0 = P \left(\frac{n_0}{n}\right)^3 \frac{\rho_0}{\rho}$$

$$\eta_0 = \eta$$

式中　q_V、p、P、η ——测定条件下的性能参数；

　　　q_{V0}、p_0、P_0、η_0 ——额定转速 $n_0 = 2900\text{r/min}$ 的参数。

6.5 实 验 步 骤

（1）进行第一工况下的测试。启动风机的电动机，待风机运转平稳后开始测量并记录如下数据，在表 6-2 中记下两个 U 形测压管上的数值分别为集流器压力 p_{stj}、风机进口压力 p_{st1}、电动机有功功率 P 及测量风机的转速，并记下测试环境的大气压力 p_a 和温度 t。

（2）在风筒的节流网上加上一定量的小圆纸片（或用橡胶板）来调节风机的进行风量，以改变风机工况。每调节一次风量，即改变一次了工况（一般取 10 个工况，包括全开和全闭）每一工况下，全面进行一次测试，在表 6-1 中记录集流器压力 p_{stj}、风机进口压力 p_{st1}、电动机有功功率 P 及测量风机的转速，并记下测试环境的大气压力 p_a 和温度 t。最后一个工况（即全闭工况）测试时，用纸片或大张纸将节流网全部堵死。

（3）实验结束后，停止电动机、把实验用的仪表等物品整理好。

6.6 实验数据的整理与处理

（1）记录实验装置相关参数。

被测风机型号	4-72-2.8A
进口直径	D_1=0.28m
风机出口直径	$D_2 = 0.211$m（当量直径）
出口面积	$A_2 = 0.2 \times 0.2$m^2（实际测量）
风管直径	D_{1p}=0.28m
集流器直径	$D_n = 0.21$m
风机额定转速	n=2900 r/min

（2）测定了不同工况下的上述实验数据以后，利用已知实验台原始参数和实验环境参数，通过它们之间的关系式，就可以算出各工况下的风机工作参量见表 6-3，流量 q、全压 p、风机静压 p_{st}、功率 P、全压效率 η 和静压效率 η_{st}，并换算出指定条件下的风机参数。

（3）根据得到的实验数据在后面的坐标纸上画出风机气动特性曲线。

6.7 实验报告与思考题

1. 实验前的预习（到实验室做实验以前完成）

（1）预习课本和实验教程上关于风机参数的内容，说明各个参数与曲线的意义。

（2）根据实验目的的要求，设计一个与实验教程上不一样的实验装置来完成实验项目，画出你设计的实验装置原理图，说明其工作原理。

2. 实验数据记录与处理

表 6-2　　　　　　　　　　　实 验 数 据 记 录

项目 \ 序号		1	2	3	4	5	6	7	8	9	10
集流器压力（Pa）	p_{stj}										
进口压力（Pa）	p_{st1}										
风机电流（A）	I										
风机电压（V）	V										
风机功率（kW）	P_{el}										
转速（r/min）	n										
风机风量（m³/s）	q_V										
进口动压（Pa）	p_{d1}										
出口动压（Pa）	p_{d2}										
流动损失（Pa）	p_{w1}										
风机全压（Pa）	p										
风机静压（Pa）	p_{st}										
有效功率（kW）	P_e										
静压有效功率（kW）	P_{est}										
全压效率（%）	η										
静压效率（%）	η_{st}										

风机工况调整装置及功率测量说明：

（1）在这个风机的性能实验中，流量的调节主要是在风机进口处管道安装节流网，通过在节流网上贴纸片（实验中采用橡胶板来调整）来改变气体的通流面积，从而达到调节风机的流量而改变工况点。这种方法虽然无法满足自动化测试要求，但是操作简单，在教学实验中得到广泛的应用。先进的测试可以通过电动执行器准确地控制其开度，来实现工况调节的自动控制，具有流体均匀，动作灵敏，性能可靠的特点，并且气密性较好，但成本比较高。

（2）风机轴功率的测量方法主要有电测法和扭矩法，电测法是通过分析电机损耗并利用电工仪表进行测量、计算功率的方法。扭矩法则是通过测量电机轴端的扭矩和转速，计算得到功率大小，相比而言，利用扭矩法测量轴功率更精确。

表 6-3　　　　　　　　　　　　　　　　离心式风机进气性能换算

项目 \ 序号		1	2	3	4	5	6	7	8	9	10
风机转速（r/min）	n										
风机风量（m³/s）	q_V										
	q_{V0}										
风机全压（Pa）	p										
	p_0										
风机静压（Pa）	p_{st}										
	p_{st0}										
电表功率（kW）	P_{el}										
	P_{el0}										
有功功率（kW）	P_e										
	P_{e0}										
静压有效功率（kW）	P_{est}										
	P_{est0}										
全压效率（%）	η										
静压效率（%）	η_{st}										

3. 绘制被测风机的空气动力性能曲线

4. 思考题

（1）为什么要测量计算风机的静压？静压性能曲线有什么用处？

（2）在风机内有哪几种机械能损失？试分析损失的原因，以及如何减小这些损失。

（3）水泵的扬程和风机的全压有何区别和联系？

（4）什么是风机的运行工况点？风机全压风机装置风压区别是什么？两者又有什么联系？

第Ⅲ部分 压缩机综合实验

　　空气压缩机是一种用以压缩气体的设备,是将原动机的机械能转换成气体压力能的装置。空压机的种类很多,按工作原理可分为容积式压缩机(活塞式压缩机)和速度式压缩机两大类。在这部分实验项目中主要以容积式压缩机为被实验对象。容积式空气压缩机是通过运动件的位移,使一定容积的空气被顺序吸入和排出封闭空间,以提高静压力的空气压缩机。其容积流量(排气量)、排气压力、排气温度、轴功率等是衡量其性能的主要参数。其中,容积流量是表征压缩机设计水平、制造与安装质量的一个综合性指标,决定着压缩机是否合格,以及压缩机的能耗比和能效等级。在本部分中主要介绍容积式压缩机的结构、工作原理、排气量的计算及其示功图测得。

实验 7　压缩机结构原理分析

7.1　实 验 目 的

　　(1) 了解活塞式空气压缩机的结构特点。
　　(2) 掌握压缩机的结构及主要部件的作用。
　　(3) 掌握压缩机的工作原理。

7.2　空 气 压 缩 机 的 分 类

　　(1) 按照气缸的位置分:卧式、立式和角度式。
　　(2) 按照压缩级数分:单级压缩、两级压缩和多级压缩。
　　(3) 按照工作原理可分:容积式压缩机和速度式压缩机。
　　容积式压缩机的工作原理是压缩气体的体积,使单位体积内气体分子的密度增加以提高压缩空气的压力。
　　速度式压缩机的工作原理是提高气体分子的运动速度,使气体分子具有的动能转化为气体的压力能,从而提高压缩空气的压力。
　　(4) 按照冷却方式分:水冷和风冷。

7.3　空 气 压 缩 机 的 结 构

7.3.1　空气压缩机系统组成

空气压缩机系统组成如图 7-1 所示。

图 7-1　压缩机系统组成

1. 动力系统

压缩机的正常运行离不开动力系统。从压缩机主机的结构组成可知，机座部分的曲轴、连杆、十字头组件，以及工作腔部分的活塞杆、活塞，共同构成了压缩机的动力系统。动力系统的主要功用就是将电机带动曲轴的回转运动转化成连杆、十字头、活塞杆、活塞在气缸内的往复直线运动，完成压缩气体的目的。

2. 气动系统

气动系统由吸气阀、排气阀、气缸、管路、缓冲器、液气分离器、储气罐等组成。其作用主要是生产压缩气体，防止气体泄漏，储存压缩空气等。

3. 冷却系统

冷却系统是压缩机不可缺少的一部分，尤其是对气缸的冷却更为重要，对于多级压缩的情况还要考虑中间冷却环节。另外，有一些对排出的气体有特殊要求的压缩机而言，可以通过冷却系统的作用，将气体中的油水分离开来。此外，在多数的压缩机系统中，润滑油系统的冷却器是必不可少的，它可以降低润滑油温度的同时，使润滑油保持一定的黏度，从而达到良好的润滑效果。

4. 润滑系统

压缩机的润滑系统用以保证压缩机在启动前达到充分的润滑效果，主要是对曲轴连杆的润滑。这部分的润滑主要是主轴承和主轴颈，连杆大头瓦和曲轴销，活塞销或十字头销和连杆小头铜套，以及十字头和滑道等摩擦副。而润滑系统的轴头泵与曲轴同步转动提供动力来进行润滑油的润滑，当轴头泵提供的油压不能满足润滑条件的时候，辅助油泵自动打开，与轴头泵共同提供润滑油的压力，从而完成润滑；若润滑油温过低，辅助油泵启动，给润滑油加热，达到许可温度的润滑油时，压缩机系统方可启动。

7.3.2　空气压缩机的主要器件

1. 气缸

气缸是压缩中的主要零件之一，主要由缸体、缸盖、缸座等用螺丝连接而成，气缸与活塞配合完成气体的逐级压缩。活塞在其中往复运动，故气缸应有良好的表面粗糙度以利于润滑，要耐磨由于气体压缩要产生热量和摩擦热，气缸应有良好的冷却作用，故风冷气缸表面有散热片。

2. 气阀

由网状阀、环形阀应用较为广泛，是压缩机中最重要的部件，又是易于损坏的部件，其质量的优差将影响压缩机的排气量、功率消耗及运转的可靠性。活塞式压缩机一般采用"自动阀"，不同于内燃机那样依靠机械传动适时地启闭进排气阀，而是借助于气缸和进排气阀腔内的压力差 Δp（阀片两边的压力关差）来实现的。

气阀由阀座、阀片（启闭元件）、弹簧和升程限制器四个主要部件组成。工作原理是活塞向内止点运行时，气缸内的压力低于进气阀腔中的压力，而使阀片两侧面的压力差 Δp 克服弹簧力，将阀片推至升程限止器，阀片开启，气体进入气缸。活塞行程之半后，开始减速，将达内止点时，其速度急剧降低，气流速度和气流顶推力随之降低。气流顶推力小于弹簧力，气阀开始关闭，最终落到阀座上，完成一个进气过程，排气阀的启闭与此同理。对气阀要求如下：

（1）阻力损失小，气阀弹簧力要设计得当。

（2）寿命长，反得冲击的阀片平均寿命达到规定的时间，一般要大于 3000h。

（3）气阀关闭时不漏气。

（4）气阀形成的余隙容积小。

3. 活塞

活塞用铸铁铸成的，在工作中受周期性变化着的气体压力的作用。为了防止高压侧的气体漏向低压侧，活塞周围表面的槽内、装有几道活塞环，活塞环具有弹性，以便紧密贴在气缸表面内壁上，来保证气密性，一般低压下，活塞只设 2～3 道环。

4. 连杆

连杆一端与曲轴相连的部分称连杆大头，做旋转运动。连杆一端与活塞销相连的部分称连杆小头，做往复运动。连杆中间部分与杆身做摆动，连杆分闭式连杆和开式连杆，闭式连杆大头是整体的，只用于曲柄轴。

5. 曲轴

曲轴是压缩机中重要运动件。它接受原动机一般以扭矩形式输入动力（一般以扭矩形式），并把它转变为活塞的往复作用力压缩气体做功，它周期性地承受气体压力和惯力，因而产生交变弯曲应力及扭转应力，所以它在强度刚度耐磨性上要求较高。

7.4　压缩机的工作原理

以容积式压缩机为例，如图 7-2 所示，进排气阀位于气缸与缸盖之间，可看作是两只单

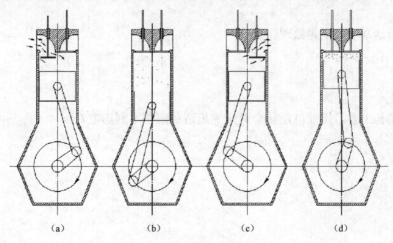

图 7-2　容积式压缩机工作原理

（a）吸气；（b）压缩；（c）排气；（d）膨胀

向阀，进气阀只进不出，排气阀只出不进。随着活塞的往复运动，非但气缸内容积发生变化，曲轴箱内的容积也发生变化，这就需要呼吸管来平衡曲轴箱内的气压变化。对两级压缩的空压要在一级排气和二级进气之间设置有中冷器，起冷却作用。

活塞式压缩机属于最早的压缩机设计之一，但它仍然是非常通用和高效的一种压缩机，活塞式压缩机通过连杆和曲轴使活塞在气缸内往复运动来实现的。

7.5　实验报告与思考题

1. 实验前的预习（进实验室前完成）
（1）预习课本及实验教程上的有关压缩机的结构、原理相关内容并简述。

（2）绘制活塞式压缩机的结构原理草图。

2. 思考题
（1）列表说明往复压缩机的理论循环与实际循环的差异。

（2）分析活塞环的密封原理。

（3）从结构上看，压缩机反转会对压缩机造成哪些不利影响？

实验 8 压缩机性能测试

压缩机的性能参数（如排气量、功率和效率等）都是在理论工况下的数据，而压缩机在实际工作过程中，由于其进气压力、进气温度、气体性质等因素的影响势必会与理论工况存在偏差，导致压缩机的性能也会随之改变，因此压缩机的性能参数直接受环境温度、进气压力等环境变化引起的因素影响。本实验主要针对压缩机的主要参数如排气量、示功图等进行测量。

8.1 实 验 目 的

（1）了解和掌握压缩机功率和排气量的测量方法。

（2）观察压缩机实际压缩过程。

（3）计算出排气量，测试出压缩机的示功图，并掌握示功图的意义。

8.2 压缩机实验装置介绍

8.2.1 压缩机装置一套

实验的主要设备是无十字头 V 型双缸单作用风冷式压缩机一台，如图 8-1 所示，压缩机基本参数如下：

额定排气量	$0.48\text{m}^3/\text{min}$
额定排气压力	0.6MPa（表压）
额定转速	820r/min
活塞行程	60mm（曲柄半径 30mm）
气缸直径	90mm
气缸数目	2
润滑方式	飞溅式
气缸相对余隙容积	约 6%
额定电机功率	4.0kW
功率因数	0.85

压缩机是由曲柄连杆机构运转的，连杆直接与活塞相连接，没有十字头，连杆大头为对分式。曲柄安装在滑动轴承上，压缩机的运动机构及气缸均用击溅方式进行润滑。

压缩机机身与气缸外套铸成整体。空气自大气进入压缩机，经压缩后排出，压缩机的排气管接储气罐，储气罐为直径 300mm、

图 8-1　压缩机实验装置

长 900mm、壁厚 10mm 的压力容器，压缩机的排气管接储气罐，储气罐储气量为 125L，容器上部有 0.7MPa 的安全阀及压力表，储气罐出口连接有调节阀，以调节压缩机的出口压力。

8.2.2　实验装置控制仪表柜

压缩机实验装置控制柜主要作用如下：

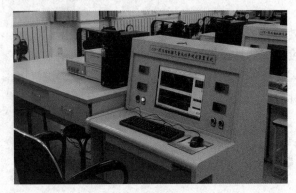

（1）采用接触器来控制压缩机电动机的启动、停止。

（2）控制柜上安装了数显温度表 2 块、电压表 1 块、电流表 1 块，这些数显仪表采用先进的微电脑芯片及技术，体积小，并且可靠性及抗干扰性能高，输入部分采用了数字校准系统与自校准技术，测量精度稳定，各个输入物理量可以任意设置，具有宽范围的电源供电。

图 8-2　压缩机实验台控制柜

（3）安装计算机显示器，如图 8-2 所示。

8.3　压缩机参数的测定原理

8.3.1　压缩机的排气量测定

排气量的测定是空压机综合性能测试的重要一环，排气量的大小直接表征着空压机的工作能力。在实际测试中，通常有两种测试方法：直接测量法和间接测量法。直接测量法是通过直接测定某一时间段内流进或流出某一储气罐的压缩空气量，继而推算出空压机排气量，如储气罐（风包）测量法；间接测量法是通过间接测定某一时刻与空压机排气量相关的参数（如气体流速），再进一步求出排气量，如常用的喷嘴法和孔板法。在储气罐出口的压力调节阀后设有一套排气量测定装置，如图 8-3 所示，这是按照 GB/T 3853—2017《容积式压缩机　验收试验》设计的。

标准中规定的流量测量方法共有六种，分别是 ISO 文丘里喷管、多喷嘴或文丘里喷管、90°弧进口喷嘴、锥形进口、孔板、皮托静压管。标准喷嘴历史悠久，有可靠的实验数据和完善的国家标准，可不必进行实流标定，其结构简

图 8-3　压缩机排气量测定装置

单牢固，长期使用稳定可靠，测量数据真实可信。90°弧进口喷嘴采用圆弧形轮廓结构，造成的压力损失较小，所需直管段短且精度高因而本试验装量采用 90°弧进口喷嘴测量流量，几何形状如图 8-4 所示。采用喷嘴法及气体流量计。喷嘴法是一种间接测量方法，利用流体在流经排气管道的喷嘴时，截面在出口处局部收缩，流速增加，静压力降低，因而在节流装置前后产生压差，流动介质的流量越大，产生的压差越大，通过测量压差即可计算出流量值。

压缩机的喷嘴节流装置由减压箱、喷嘴、测压管及测温管所组成，减压箱内有多孔小板及井字形隔板所组成的气体流动装置，喷嘴由不锈钢或黄铜制造，孔径尺寸为 12.70mm。差压传感器（或 U 形压力计）与测压装置连通，用以测定喷嘴前后的压差。

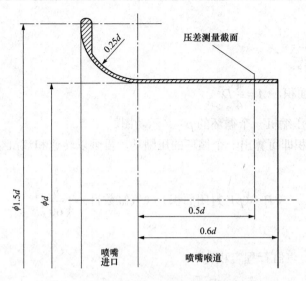

图 8-4   90°弧进口喷嘴几何形状

计算压缩机实际排气量由下式计算：

$$\overline{V} = 1128.53 \times 10^{-8} CD^2 T_0 \sqrt{\frac{H}{p_0 T_1}}$$

式中 $\overline{V}$ ——压缩机排气量，$\mathrm{m^3/min}$；

   C——喷嘴系数（查表）；

   D ——喷嘴直径，mm；

   T_0 ——压缩机吸入气体的绝对温度，K；

   H ——喷嘴前后的压力差，$\mathrm{mmH_2O}$，$1\mathrm{mH_2O} = 10^{-2}\mathrm{MPa}$ 即 $1\mathrm{mmH_2O} = 9.8\mathrm{Pa}$；

   p_0 ——大气压力，$10^5\mathrm{Pa}$；

   T_1 ——喷嘴前气体的绝对温度，K。

8.3.2 示功图的绘制原理

活塞压缩机的示功图是反映压缩机在一个工作循环中活塞在每一个位置时气缸内气体压力变化的曲线。根据得到的示功图，人们可对压缩机的工作过程做一系列的分析计算，以作为动力及强度复核计算的依据。示功图的绘制，主要是先将 $p-\alpha$ 示功图转换成 $p-V$ 示功图。压缩机的一个一级气缸顶部开孔，通过接头连接压电式压力传感器，测试气缸内气体的瞬间压力 p。压缩机飞轮上装有键相器，通过光电转速器，测试压缩机的瞬间曲柄转角 α，由下面公式确定活塞位移：

$$x = r \times \left[(1 - \cos\alpha) + \frac{\lambda}{4}(1 - \cos 2\alpha) \right]$$

式中 x——活塞位移；

   r ——曲柄半径；

   α ——曲柄转角；

   λ ——曲轴半径与连杆长度 l 的比值。

由活塞位移 x 与气缸截面积 A 的乘积即可确定活塞扫过的气缸容积 V：

$$V = xA$$

式中　V——气缸容积；

　　　x——活塞位移；

　　　A——气缸截面积，$A = \dfrac{\pi}{4}D^2$。

由 p 和 V 可绘出压缩机一个循环的 $p-V$ 示功图。

由示功图封闭面积即可算出一个循环的压缩功，再乘以转速和气缸数目即得压缩机指示功率 P_i：

$$P_i = (pV\,\text{封闭面积}) \times (\text{气缸数目}) \times \left(\frac{n}{60}\right)$$

式中　n——转速，r/min。

对应活塞位移 x，气缸行程容积为

$$V = \frac{\pi D^2 x}{4} = \frac{\pi D^2}{4}\left[r \times (1 - \cos\alpha) + \frac{\lambda}{4} \times (1 - \cos 2\alpha) \right]$$

由上述公式计算出对应曲柄任意转角 α，由此横坐标 α 转移成 V 的横坐标，就可以绘出封闭的 $p-V$ 示功图曲线。

8.3.3 电机有功功率的测定

电机功率 4kW，三相电路电压 380V，电动机电压测量采用数字电压表，电流测量是通过电流互感器+数字电流表方式来测量，则三相电动机的有功功率为

$$P = \sqrt{3}UI\cos\varphi$$

式中　P——电机功率；

　　　U——相电压；

　　　I——相电流；

　　$\cos\varphi$——功率因数。

8.3.4 活塞腔压力的测定

压缩机活塞腔压力的测量，采用压电式压力传感器，如图 8-5 所示，这种传感器大多是利用压电效应制成的，当晶体受到某固定方向的外力作用时，内部就产生电极化现象，同时在某两个表面上产生符号相反的电荷；当外力撤去后，晶体又恢复到不带电的状态；当外力作用方向改变时，电荷的极性也随之改变；晶体受力所产生的电荷量与外力的大小成正比。

图 8-5　压电式压力传感器

8.3.5 压缩机转速的测定

压缩机转速的测量是用光电式转速传感器（见图 8-6），属于非接触式转速测量仪表，它的测量距离可达 200mm 左右。光电式转速传感器一般由光源、光学通路和光电元件三部分组成，由光电元件作为检测元件的传感器，它首先把被测量的变化转换成光信号的变化，然后借助光电元件进一步将光信号转换成电信号。光电检测方法具有精度高，反应快，结构简单，形式灵活多样，因此，光电式传感器在检测和

控制中应用非常广泛。

8.3.6 温度的测定

压缩机温度的测量是采用 PT-100 热电阻做成的温度传感器，是可以将温度变化转换为可传送输出的电信号。用于过程温度参数的测量和控制。温度变送器通常由传感器和信号转换器两部分组成。传感器主要是热电阻，信号转换器主要由测量单元、信号处理和转换单元组成。有些变送器增加了显示单元等。

图 8-6 光电式转速传感器

8.4 计算机的数据采集系统

本实验的数据采集与处理通过计算机进行数据采集与分析系统实现，数据采集与信号处理系统硬件包括传感器、放大器、数据采集箱等。数据采集箱的三个通道 CH1、CH2、CH3分别连接电荷放大器、信号调理器和光电传感器，并通过 USB 与计算机连接。计算机内装有压缩机排气量与功率测试软件系统，完成数据采集、排气量与功率测定计算等功能。数据采集信号流程图如图 8-7 所示。

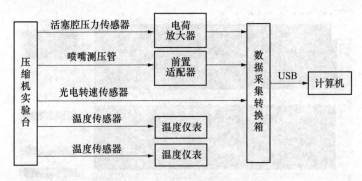

图 8-7 数据采集信号流程图

8.4.1 电荷放大器

电荷放大器由电荷变换级、适调级、低通滤波器、高通滤波器、末级功放、电源组成。电荷放大器可配接压电加速度传感器。其特点是将机械量转变成与其成正比的微弱电荷 q，而且输出阻抗 R_a 极高。电荷变换级是将电荷变换为与其成正比的电压，将高输出阻抗变为低输出阻抗，将此信号传到数据采集箱中。

8.4.2 数据采集箱

数据采集箱连接检测仪器，实现检测仪器数字化，数据采集仪自动从测量仪器中获取测量数据，进行记录，分析计算，形成相应的各类图形，对测量结果进行自动判断等。

8.4.3 前置适配器

压差传感器就是被测压力直接作用于传感器的膜片上，使膜片产生与压力成正比的微位移，使传感器的电容值发生变化，和用电子线路检测这一变化，并转换输出一个相对应压力的标准测量信号。来测量两个压力之间差值的传感器，通常用于测量压缩机前后两端的压差，外壳为铝合金、不锈钢结构。

技术参数：

量程	±（50Pa～200Pa～1kPa～10kPa～100kPa）
供电电压	24V DC（9～36V DC）
介质温度	−20～85℃
响应时间	1ms
负载电阻	电流输出型，最大 800Ω
电压输出型	大于 5kΩ
电气接口（信号接口）	引出导线

8.5 实 验 步 骤

（1）熟悉实验用设备和仪器，特别注意实验装置压缩机带传动的转速、温度都很高，一定要做到安全操作，以防事故发生，开车时不要靠近压缩机。然后打开数据采集系统准备好数据采集。

（2）开启操作台上的压缩机"启动"按钮，待储气罐上的压力表的压力值基本稳定，单击桌面上的"压缩机性能实验测试软件"，再单击左上角的"作业"按钮，再单击"新建"按钮，出现如图 8-8 所示的界面。

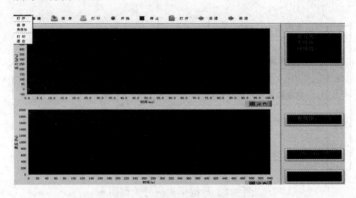

图 8-8 压缩机实验界面Ⅰ

填入文件名，如"2018.9.16-1"等，然后单击"确定"按钮，如图 8-9 所示。

图 8-9 压缩机实验界面Ⅱ

（3）单击左上角的"参数设置"按钮可以设置参数，注意不要改动；然后单击"确定"按钮，如图 8-10 所示。

1）确定压电式压力传感器参数。

2）确定差压传感器的参数，所有参数确定后，单击"确认"按钮。

3）电荷放大器（CH1）的放大倍数为 10，滤波频率为 100Hz。

图 8-10　压缩机实验界面Ⅲ

（4）单击左上角的"控制"按钮，选择"开始采集"这时就出现压缩机的工作曲线，如图 8-11 所示。

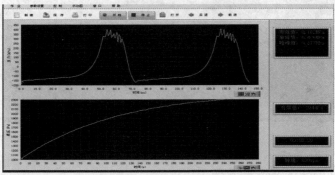

图 8-11　压缩机实验界面Ⅳ

（5）单击"停止"按钮，然后单击"示功图"，如图 8-12 所示。单击下面的"前进"或者"后退"按钮，可以得到不同时刻的曲线。这个图可以保存到 U 盘里。

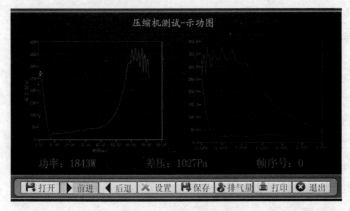

图 8-12　压缩机示功图

通过实验示功图可以看出：在压缩机工作过程中，活塞运动到上止点时，活塞顶面与阀座之间存在间隙，即余隙，由于余隙形成的容积称为余隙容积，记为 V_c，由气缸的结构决定。

余隙容积的主要作用如下：当连杆机构受热膨胀时避免活塞撞击阀座；由于余隙容积 V_c 的存在，压缩机在排气过程不能将气缸内的气体全部排出去，一部分高压气体会留在余隙容积 V_c 内。这样在下一次吸气过程开始前，余隙容积内的气体首先膨胀，直到缸内压力下降到低于进气道压力时才能开始吸气。因此，由于余隙容积 V_c 内气体膨胀，占了一定的工作容积，使气缸吸气量减少。

（6）单击曲线下面的"排气量"按钮，出现下面的图表，如图 8-12 所示，填写喷嘴压差，差压数字表（Pa）输入吸入气体的温度及喷最前的温度值（273+操作台左侧温度计的温度），然后单击"计算"得到排气量的大小，如图 8-13 所示。

计算排气量，鼠标单击排气量计算栏的"计算"框，填入如下参数：喷嘴直径（mm），吸入气体温度（K），嘴前气体温度（K），大气压力（MPa）。

单击【计算】按钮，即可由计算机算出排气量 q_V（$\mathrm{m^3/min}$），并示出喷嘴系数 C。

图 8-13　压缩机排气量计算界面

（7）保存或者记录相应的实验数据。

8.6　实验数据与理论计算值的比较

实验数据及其理论值的比较见表 8-1。

8.6.1　计算压缩机理论排气量

$$\bar{V} = AS\lambda_V\lambda_p\lambda_T\lambda_l n \quad (\mathrm{m^3/min})$$

式中　A——第一级各个气缸活塞面积的总和，$\mathrm{m^2}$；

  S——行程，m；

  λ_V——容积系数；

  λ_p——第一级压力系数，$\lambda_p = 0.95\sim0.98$；

  λ_T——第一级温度系数，$\lambda_T = 0.90\sim0.95$；

  λ_l——第一级泄漏系数，$\lambda_l = 0.92\sim0.96$；

  n——转速，r/min。

$$\lambda_v = 1 - \alpha(\varepsilon^{\frac{1}{m}} - 1)$$

式中 α ——相对余隙容积，$\alpha = 0.06$；

　　　ε ——压力比；

　　　m ——气体多变指数，$m = 1.20$。

表 8-1　　　　　　　　　　实验数据及其与理论值的比较

测量项目	单位	测量值	理论计算值
室内大气压	MPa		
室内温度	℃		
喷嘴前气体温度	℃		
活塞排气压力	MPa		
储气罐气体压力	MPa		
喷嘴前后压力差	Pa		
压缩机转速	r/min		
喷嘴直径	mm	12.70	
喷嘴系数			
压缩机指示功率	kW		
压缩机排气量	m/min		
电机电流	A		
电机电压	V		
电机功率	kW		

8.6.2　计算压缩机指示功率

$$P_i = 16.67 p_1 (1 - \delta_s) \lambda_v V_h \frac{k}{k-1} \left[\left(\frac{p_d'}{p_s'} \right)^{\frac{k-1}{k}} - 1 \right] n \quad (\text{kW})$$

$$p_s' = p_1(1 - \delta_s), \quad p_d' = p_2(1 - \delta_d)$$

式中 p_1 ——名义吸气压力，MPa；

　　　p_2 ——名义排气压力，MPa；

　　　δ_s ——进气时的压力损失系数，$\delta_s = 0.04 \sim 0.06$；

　　　p_s' ——实际吸气压力，MPa；

　　　p_d' ——实际排气压力，MPa；

　　　δ_d ——排气时的压力损失系数，$\delta_d = 0.08 \sim 0.12$；

　　　k ——气体绝热指数，空气 $k = 1.4$；

　　　V_h ——行程容积，$V_h = AS$；

　　　n ——转速，r/min。

其余符号同前，实测指示功率、理论功率及电测功率计算结果列入表 8-1 中并比较。

8.7　实 验 结 果 分 析

（1）空气压缩机示功图能够实现余隙容积与实际排气量的定量分析，通常以容积系数

$\lambda_v = 1 - \alpha(\varepsilon^{\frac{1}{m}} - 1)$ 表示余隙容积与实际排气量的关系。行程容积 V_h 不变时，余隙容积越小，相对余隙容积 α 越小，容积系数 λ_v 增大，排气量增大；反之排气量减小。余隙容积中残留的高压气体压力越高，排气量越小。标准状况下测得实际排气量偏小时，需要通过减小空压机余隙容积来提高空压机的排气量。

（2）通过示功图 8-14 的面积可得出气缸内的指示功率、平均指示压力和气阀的功率损失。通过实际吸气压力和排气压力可求出实际压力比。根据气体压力所产生的作用力，可以计算活塞杆的动态负载。

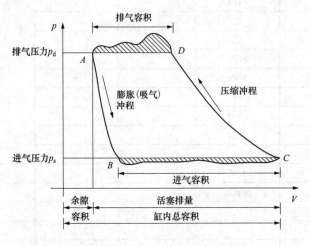

图 8-14　压缩机示功图

（3）通过观察示功图形状的改变，还可以分析判断出压缩机气阀、填料等的泄漏情况，膨胀及压缩过程的热交换情况，以及进、排气过程的压力损失等故障状态，保障压缩机的安稳运行。因而，示功图分析技术的应用是全面评价一台往复压缩机工作性能和故障原因分析的重要手段。

（4）计算机测控系统主要完成数据采集的软件控制及测试数据的存储、分析、显示、打印输出等工作，是整个实验系统的重要部分，可以提高测量效率与测量精度。这种基于计算机的压缩机示功图测绘系统，不仅能够提供直观形象的图像，而且能够记录每个采样周期内压力变化的具体数据，从数据采集与处理到显示和记录。

8.8　实验报告与思考题

1. 实验前的预习（到实验室做实验以前完成）

（1）预习课本及实验教程上的有关压缩机的内容，说明其参数及示功图的意义。

（2）根据实验目的的要求，设计一个与实验教程上不一样的实验装置来完成实验项目，画出你设计的实验装置原理图，说明其工作原理。

2. 思考题

（1）讨论：比较计算值与实验值间的误差，并分析产生误差的原因。

（2）活塞压缩机的实际循环包括哪几个过程？简述余隙过大和过小会对压缩机造成哪些不利影响。

（3）什么是压缩机的示功图？指示功率和示功图有什么关系？

参 考 文 献

[1] 时连君，陈庆光，时慧喆，等. 工程流体力学实验教程［M］. 北京：中国电力出版社，2018.

[2] 杨诗成. 泵与风机［M］. 5 版. 北京：中国电力出版社，2016.

[3] 何川，郭立君. 泵与风机［M］. 5 版. 北京：中国电力出版社，2013.

[4] 安连锁. 泵与风机［M］. 北京：中国电力出版社，2008.

[5] 毛根海. 应用流体力学实验［M］. 北京：高等教育出版社，2008.

[6] 程居山. 矿山机械［M］. 北京：中国矿业大学出版社，1997.

[7] 吕玉坤，叶学明，李春曦，等. 流体力学及泵与风机实验指导书［M］. 北京：中国电力出版社. 2008.

[8] 李云，姜培正. 过程流体机械［M］. 2 版. 北京：化学工业出版社，2010.

[9] 郎庆友. 活塞式空气压缩机的改进与分析［D］. 沈阳工业大学，2015.

[10] 纪然. 2D-90 压缩机监测及控制系统的开发与应用［D］. 沈阳理工大学，2018.

中国电力出版社官方微信

中国电力百科网网址

中国电力教材服务官方微信

关注"中国电力教材服务"
获取更多教学资源
享受全面教学服务

ISBN 978-7-5198-4177-5

定价：12.00 元

大型燃气-蒸汽
联合循环机组
典型事故分析与防范

浙江大唐国际绍兴江滨热电有限责任公司 编

中国电力出版社
CHINA ELECTRIC POWER PRESS